BEI GRIN MACHT SICH IHR WISSEN BEZAHLT

- Wir veröffentlichen Ihre Hausarbeit, Bachelor- und Masterarbeit

- Ihr eigenes eBook und Buch - weltweit in allen wichtigen Shops

- Verdienen Sie an jedem Verkauf

Jetzt bei www.GRIN.com hochladen und kostenlos publizieren

Lisa Schorm

Verkehrswege und Macht. Das System Straße im Imperium Romanum

GRIN Verlag

Bibliografische Information der Deutschen Nationalbibliothek:

Die Deutsche Bibliothek verzeichnet diese Publikation in der Deutschen National-
bibliografie; detaillierte bibliografische Daten sind im Internet über http://dnb.d-
nb.de/ abrufbar.

Dieses Werk sowie alle darin enthaltenen einzelnen Beiträge und Abbildungen
sind urheberrechtlich geschützt. Jede Verwertung, die nicht ausdrücklich vom
Urheberrechtsschutz zugelassen ist, bedarf der vorherigen Zustimmung des Verla-
ges. Das gilt insbesondere für Vervielfältigungen, Bearbeitungen, Übersetzungen,
Mikroverfilmungen, Auswertungen durch Datenbanken und für die Einspeicherung
und Verarbeitung in elektronische Systeme. Alle Rechte, auch die des auszugsweisen
Nachdrucks, der fotomechanischen Wiedergabe (einschließlich Mikrokopie) sowie
der Auswertung durch Datenbanken oder ähnliche Einrichtungen, vorbehalten.

Impressum:

Copyright © 2013 GRIN Verlag GmbH
Druck und Bindung: Books on Demand GmbH, Norderstedt Germany
ISBN: 978-3-656-65781-1

Dieses Buch bei GRIN:

http://www.grin.com/de/e-book/273572/verkehrswege-und-macht-das-system-
strasse-im-imperium-romanum

GRIN - Your knowledge has value

Der GRIN Verlag publiziert seit 1998 wissenschaftliche Arbeiten von Studenten, Hochschullehrern und anderen Akademikern als eBook und gedrucktes Buch. Die Verlagswebsite www.grin.com ist die ideale Plattform zur Veröffentlichung von Hausarbeiten, Abschlussarbeiten, wissenschaftlichen Aufsätzen, Dissertationen und Fachbüchern.

Besuchen Sie uns im Internet:

http://www.grin.com/

http://www.facebook.com/grincom

http://www.twitter.com/grin_com

Technische Universität Cottbus
Komplex 5: Ideen- und Technikgeschichte
Modul 13325: Technikhistorisches Grundwissen
Seminar: Warentransfer und Transport in der Geschichte

Wintersemester 2012/13

b-tu

Brandenburgische
Technische Universität
Cottbus

Verkehrswege und Macht:
Das System Straße im Imperium Romanum

28.03.2013

Abbildung 1: Die Via Appia im antiken Rom.

Lisa Schorm

Studiengang: Kultur und Technik B.A., 5. Semester

Inhaltsverzeichnis

1 Einleitung

Im Imperium Romanum gab es viele Arten Güter zu transportieren, militärische Truppen zu Verlagern oder zu Reisen. Ob auf Binnenstraßen, Seestraßen oder Staatsstraßen, die Römer erreichten ihr Ziel. In der folgenden Hausarbeit soll es jedoch nur um das Verkehrssystem Straße gehen.

„Straßen und Wege bilden die Grundstruktur eines jeden räumlichen Geschehens. Ohne sie sind Landwirtschaft, Transport, Kommunikation, Handel und Verkehr, ja selbst unser tägliches Kommen und Gehen nicht möglich." [1]

Durch den Bau und Ausbau von Straßen, konnten die Römer ihr Imperium seinerzeit immens vergrößern. Ausgehend vom Zentrum Rom verliefen die Straßen sternförmig[2] und man konnte durch sie immer mehr Gebiete erobern und die Macht sichern. Wie genau es zur Entwicklung der uns heute bekannten Römerstraßen kam, welche Techniken des Straßenbaus es gab und mit welchen Mitteln die Straßen finanziert und instand gehalten wurden, ist Thema dieser Arbeit. Alle Aspekte werden am Beispiel der wohl bekanntesten Straße, der Via Appia, erörtert.

---

[1] Szabó, Thomas, Die Welt der europäischen Straßen. Von der Antike bis in die Frühe Neuzeit, Köln 2009, S. 1-3, hier S. 1.

[2] Bintliff, John, Going to Market in Antiquity. In: Eckart Olshausen/Holger Sonnabend (Hrsg.), Stuttgarter Kolloquium zur Historischen Geographie des Altertums 7/1999. Zu Wasser und zu Land: Verkehrswege in der antiken Welt, Stuttgart 2002 (= Geographica historica, Band 17), S. 209-250, hier S. 212-2015.

2 Entwicklung der Römerstraßen

Obwohl die Römer für ihren innovativen Straßenbau bekannt sind, so waren sie doch längst nicht die ersten, die befestigte Wege angelegt haben. Schon das Volk der Assyrer legte seit dem 2. Jahrtausend vor Christus straßenähnliche Wege an. Sie arbeiteten jedoch noch nicht mit Steinen oder Kies, wie die Römer. Damit waren sie aber dennoch das erste, uns bekannte Volk, welches Techniken zum Straßenbau entwickelte. Diese Technik wurde im 6. und 5. Jahrhundert von den Persern, Griechen und Etruskern fortgeführt und weiterentwickelt.[3]

Ähnlich wie bei den späteren Römerstraßen, wurde auch schon im 5. Jahrhundert vor Christus versucht, die Wege und Straßen nicht durch bergiges Gelände zu führen. Außerdem vermied man größere Eingriffe in die Naturlandschaft, weshalb die Trassenführung eher kurvig als geradlinig verlief.

Die Römer orientierten sich beim Straßenbau eher an den Etruskern. Sie nahmen jedoch viele Verbesserungen vor. Die Streckenführung der Römerstraßen verlief geradlinig, weshalb Arbeiten, wie Stilllegungen von Flussabschnitten, Abtragungen an Felswänden und Begradigen von Hügeln, unumgänglich waren. Ihre ersten Straßen erbauten die Römer im 3. Jahrhundert vor Christus. Da diese anfänglich nur zur schnellen Verlegung von Kriegsheeren dienten, durften auch die Römerstraßen kein großes Gefälle haben. Mit dem Bau und Ausbau der Via Appia, der bekanntesten Römerstraße, begann das römische Volk Straßensysteme strategische zu bauen. Den Auftrag zum Bau der Straße gab der damalige Zensus Appius Claudius im Jahre 313/312 vor Christus. Nach ihm wurde sie auch benannt.[4]

---

[3] Nardo, Don, Roman Roads And Aqueducts. San Diego, California: Lucent Books, 2001, S. 12.
[4] Cech, Brigitte, Technik in der Antike. Darmstadt 2010, S. 80.

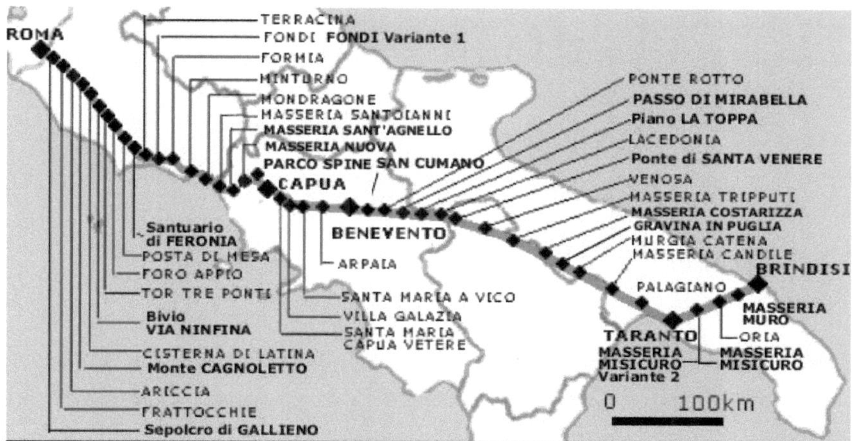

Abbildung 2: Verlauf der Via Appia.

Anfangs reichte die Via Appia nur von Rom nach Capua. Doch mit weiteren Eroberungen von Städten und Gebieten erreichte die Straße im Jahre 191 vor Christus, durch den Sieg in Messapien und über die Daunier, sogar den Hafen Brindisi an der Adria.[5] Damit war die Via Appia rund 360 Meilen lang, was umgerechnet knapp 540 Kilometer sind.[6]

Mit der Ausdehnung des Straßensystems dehnte sich zu Beginn der römischen Antike auch das römische Reich aus. Neben der Via Appia, waren auch die Via Egnatia und die Via Domitia von großer Bedeutung für Gebietserweiterungen. Erstere führte 146 vor Christus vom heute albanischen Durres nach Byzanz, was in der Türkei zu verorten ist. Damit war sie eine Art Verlängerung der Via Appia. Die beiden Straßen wurden lediglich durch den Seeweg zwischen Brindisi und Durres getrennt. Die Via Domitia entstand um das Jahr 120 vor Christus und auf ihr erreichte man die heutige Stadt Narbonne über das Balkangebirge. Mit diesen drei Straßen waren die Römer in der Lage ein weitreichendes Gebiet einzunehmen und zu sichern.

---

[5] Sartorio, Giuseppina Pisani, Via Appia Antica Regina Viarum – Ursprung und Geschichte. In: Portella, Ivana Della (Hrsg.), Via Appia. Entlang der bedeutendsten Straße der Antike, Stuttgart 2003, S. 14-39, hier S. 19.
[6] Gutsche, Angelika, Auf den Spuren der antiken VIA EGNATIA vom weströmischen ins oströmische Reich. Ein historischer Reiseführer durch den südlichen Balkan; Albanien – Mazedonien – Griechenland – Türkei, 1. Auflage, Schweinfurt 2010, S. 21.

Neben diesen wichtigen Hauptverkehrsstraßen, gab es noch zahlreiche kürzere und unbedeutende Verkehrswege. Das Straßennetz wurde fortlaufend erweitert und um 200 nach Christus hatte es bereits eine Größe von 80.000 bis 100.000 Kilometern erreicht.[7]

3 Die Straßentypen

Basierend auf den überlieferten Schriften von Domitius Ulpian[8], können drei verschiedene Typen von Straßen ausgemacht werden: die via publica, die via privata und die via vicinalis.[9] Viae publicae waren Staatsstraßen oder auch Heerstraßen und gingen alle von Rom aus.[10] Nach der Definition von Domitius Ulpian mussten solche Straßen auf öffentlichem Boden gebaut sein, waren nicht innerhalb der Stadtmauern zu finden und finanzierten sich durch öffentliche Mittel.[11] Die Heerstraßen wurden im Allgemeinen aus taktischen Gründen erbaut.[12] So hat zum Beispiel auch die Streckenführung der Via Appia, welche zum Baubeginn ausschließlich vom römischen Militär genutzt wurde, strategische Gründe. Nach einigen kriegerischen Errungenschaften, wie den Städten Minturnae und Sinuessa im Jahre 296 vor Christus, wurde es immer wichtiger die Truppen des Militärs schnellstmöglich verlagern zu können. Nur so konnten eroberte Gebiete in römischem Besitz bleiben und weitere erobert werden. Nachdem auch um 191 vor Christus die Städte Apulien und Daunien besetzt wurden, konnte auch die Via Appia bis nach Brindisi ausgebaut werden.[13]

Eine via privata war eine private Straße. Sie musste gemäß Ulpian auf privatem Grund und Boden verlaufen[14] und war eine Abzweigung einer Hauptverkehrsstraße, auf der man zu einem Privatgrundstück gelangte.

Als dritter Straßentyp ist die via vicinalis zu nennen. Das waren entweder Landstraßen in den Provinzen oder Ackerwege.[15] Sie stellten eine Verbindung zwischen zwei Staatsstraßen her[16]

---

[7] Cech, Brigitte, Technik in der Antike. Darmstadt 2010, S. 80-81.
[8] Jurist im 3. Jahrhundert
[9] Rathmann Michael, Untersuchungen zu den Reichsstraßen in den westlichen Provinzen des Imperium Romanum, Mainz 2003, (= Beihefte Bonner Jahrbücher, Bd. 55), S. 5.
[10] Kirschmer, Heiner, Römerstraßen in unserer Heimat – alte Verkehrswege im mittleren Murrtal.
[11] Rathmann Michael, Ebd., S. 5-6.
[12] Kolb, Anne, Transport und Nachrichtentransfer im Römischen Reich. Berlin 2000, (= Beiträge zur Alten Geschichte, Bd. 2), S. 207.
[13] Sartorio, Giuseppina Pisani, Via Appia Antica Regina Viarum – Ursprung und Geschichte. In: Portella, Ivana Della (Hrsg.), Via Appia. Entlang der bedeutendsten Straße der Antike, Stuttgart 2003, S. 14-39, hier S. 19-20.
[14] Kolb, Anne, Ebd., S. 207.

und dienten in manchen Fällen, ebenso wie auch die Privatstraßen, dem öffentlichen Verkehr. Aus diesem Grund wurden die viae vicinales und die viae publicae auch oft zu den viae publicae gezählt.[17]

Angelegt wurden diese drei verschiedenen Straßentypen aus verschiedenen Gründen. Vorranging wurden alle Straßen des Typs „via publica" aus militärischen Zwecken genutzt. Die Eroberung und Beherrschung vieler Gebiete machte ein weitläufiges Straßennetz von Nöten.[18] Die ersten Straßen wurden jedoch nicht nur vom Militär, sondern auch von Boten zur Nachrichtenübermittlung genutzt.[19] Neben dem Transport von Waren[20] waren die Fernstraßen ebenfalls für den Warenhandel und die Aufrechterhaltung des Kontaktes zwischen den einzelnen Städten von enormer Wichtigkeit.[21] Um all diese Möglichkeiten nutzen zu können mussten die Römer nicht nur für die Instandhaltung der einzelnen Straßen sorgen, sondern auch für eine Art Kartierung, um sich im römischen Reich orientieren zu können. Denn die Zeit der römischen Republik war die Blütezeit des Straßenbaus und das Straßensystem wurde immer größer und weitläufiger. Allerdings sind nur wenige Karten mit einem verzeichneten Verkehrsnetz überliefert. Die älteste Karte stammt aus dem Jahr 333 nach Christus und ist die Itinerarium Burdigalense.[22] Auf einem solchen Itinerar waren nicht nur die Straßen, sondern auch Städte und Unterkünfte eingezeichnet.[23]

Neben den, damals nur von Pilgern genutzten, Itinerarien ist noch die Tabula Peutingeriana bekannt. Diese Karte tauchte erstmals im 3. Jahrhundert nach Christus auf[24], ist heute jedoch nur als Kopie aus dem 13. Jahrhundert erhalten. Ein Mönch aus Colmar fertigte 1265 eine Kopie der ursprünglich 6 Meter langen Karte an. Er übertrug das abgebildete Straßennetz auf insgesamt zwölf Teile, wovon jedoch nur noch elf erhalten sind. Benannt wurde die Karte

[15] Kirschmer, Heiner, Ebd.

[16] Kolb, Anne, Transport und Nachrichtentransfer im Römischen Reich. Berlin 2000, (= Beiträge zur Alten Geschichte, Bd. 2), S. 207.

[17] Rathmann Michael, Untersuchungen zu den Reichsstraßen in den westlichen Provinzen des Imperium Romanum, Mainz 2003, (= Beihefte Bonner Jahrbücher, Bd. 55), S. 5-6.

[18] Bredow von, Iris, Die Handelsverbindungen zwischen Pontos und Ägäis zur Zeit des Odrysenreiches. In: Eckart Olshausen/Holger Sonnabend (Hrsg.), Stuttgarter Kolloquium zur Historischen Geographie des Altertums 7/1999. Zu Wasser und zu Land: Verkehrswege in der antiken Welt, Stuttgart 2002 (= Geographica historica, Band 17), S. 445-451, hier S. 446-447.

[19] Nardo, Don, Roman Roads And Aqueducts. San Diego, California: Lucent Books, 2001, S. 26.

[20] Herzig, Heinz E., Die antiken Grundlagen des europäischen Straßensystems. In: Szabó, Thomas (Hrsg.), Die Welt der europäischen Straßen. Von der Antike bis in die Frühe Neuzeit, Köln 2009, S. 5-17, hier S. 5-11.

[21] Howatson, M. C., Reclams Lexikon der Antik. Stuttgart 1996, S. 615.

[22] Herzig, Heinz E., Ebd., S. 5-11.

[23] Nardo, Don, Roman Roads And Aqueducts. San Diego, California: Lucent Books, 2001, S. 37.

[24] Sartorio, Giuseppina Pisani, Via Appia Antica Regina Viarum – Ursprung und Geschichte. In: Portella, Ivana Della (Hrsg.), Via Appia. Entlang der bedeutendsten Straße der Antike, Stuttgart 2003, S. 14-39, hier S. 25.

aber erst einige Jahre später, nach dem Gelehrten Konrad Peutinger, der sie 1508 in seinem Besitz hatte.[25]

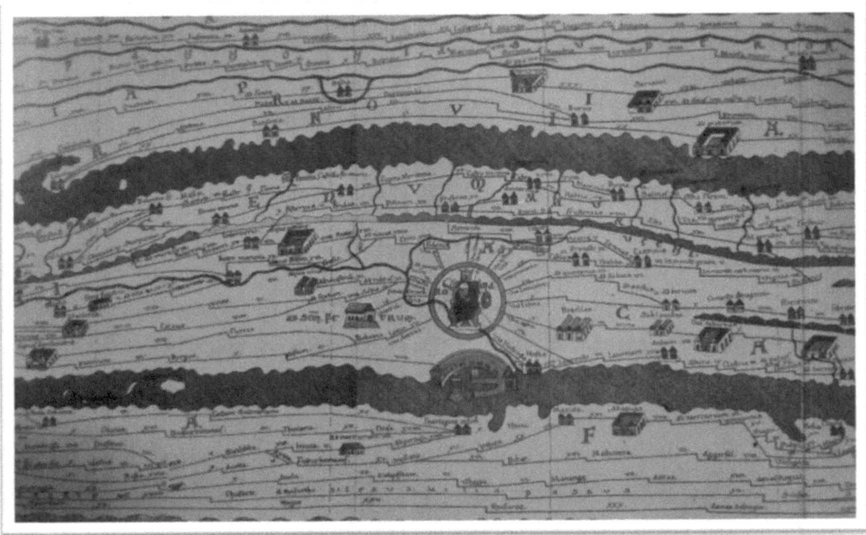

Abbildung 3: Ausschnitt der Tabula Peutingeriana (4. Jahrhundert nach Christus).

Die Reisegeschwindigkeit auf den Römerstraßen war neben dem Zustand der Straße auch von der Art und Weise wie man reiste abhängig. Der Landweg eignete sich im Gegensatz zum Seeweg besonders gut für kurze Strecken.[26] Wie bereits erwähnt, wurden die Trassen anfangs nur vom Militär genutzt um schnellstmöglich Truppen zu verlagern bzw. Nachrichten zu übermitteln.[27] Bis ins 6. Jahrhundert nach Christus zählten zu den Hauptreisenden auf den Römerstraßen zum einen die kaiserliche Familie, zum anderen Boten und das Militär.[28] Natürlich waren auch Zivilpersonen auf den Römerstraßen unterwegs. So reisten beispielsweise auf der auf der Via Appia nicht nur die Militärtruppen, sondern auch zivile Personen, die Post und Händler.[29]

---

[25] Dilke, O. A. W., Greek & Roman Maps. London: Thames and Hudson, 1985, S. 113-115.

[26] Kolb, Anne, Transport und Nachrichtentransfer im Römischen Reich. Berlin 2000, (= Beiträge zur Alten Geschichte, Bd. 2), S. 308-332.

[27] Schneider, Helmuth, Geschichte der antiken Technik. München 2007, (= C.H.Beck Wissen in der Beck'schen Reihe), S. 85-86.

[28] Kolb, Anne, Ebd., S. 16.

[29] Gutsche, Angelika, Auf den Spuren der antiken VIA EGNATIA vom weströmischen ins oströmische Reich. Ein historischer Reiseführer durch den südlichen Balkan; Albanien – Mazedonien – Griechenland – Türkei, 1. Auflage, Schweinfurt 2010, S. 21.

Aber ganz egal wer auf den Straßen unterwegs war, zur Auswahl standen immer drei verschiedene Reisemöglichkeiten: Man konnte zu Fuß reisen, ein bestimmtes Transportmittel nutzen oder aber auch mehrere Transportmittel nutzen. Die letzte Möglichkeit traf jedoch hauptsächlich nur auf Boten und Soldaten zu, welche oft auch überregional reisen mussten. Hatte man etwas zu transportieren, bewegte man sich mit Lastentieren vorwärts. Diese zogen in manchen Fällen auch einen Wagen oder Karren, auf welchem die Ware transportiert wurde. Die Wahl des Transportmittels war abhängig von der Beschaffenheit der Straße.

Die folgende Übersicht zeigt die Durchschnittsgeschwindigkeit eines zu Fuß Reisenden im Imperium Romanum.

Jahr	Dauer (in Tagen)	Strecke ca.	Tempo pro Tag
49 v. Chr.	17	465 km	27 km
320 n. Chr.	3	182 km	60 km
4. Jh.	1	30 km	30 km
4. Jh.	1	37 km	37 km
4. Jh.	1	44 km	44 km
6. Jh.	1	38 km	38 km
6. Jh.	5	182-200 km	37-40 km

Aus dieser Tabelle geht hervor, dass ein Reisender zu Fuß durchschnittlich zwischen 30 und 37 Kilometer am Tag zurücklegte. Auch mit den, zu der Zeit üblichen, Lastentieren, wie Eseln und Maultieren, war man mit einer ähnlichen Reisegeschwindigkeit unterwegs. Im Osten des römischen Imperiums wurden auch häufig Dromedare und Kamele als Lastentiere eingesetzt. Die meist schwer beladenen Tiere waren im Durchschnitt aber nicht schneller als ein Reisender zu Fuß.

Auch mit Hilfe von Transportmitteln, wie Reit- und Zugtieren, war eine Reise im oftmals nicht schneller zu bewältigen.

Jahr	Dauer (in Tagen)	Strecke ca.	Tempo pro Tag
51 v. Chr.	4	113 km	28 km
51 v. Chr.	4	141 km	35 km
51 v. Chr.	1	47 km	47 km
51 v. Chr.	4	118 km	29 km
37 v. Chr.	15	534 km	36 km

Der Durchschnittswert liegt bei rund 35 Kilometern. Neben Reittieren wurden auch häufig Wagen und Lastenkarren, welche meistens von Pferden gezogen wurden, als Transportmittel genutzt.[30]

4 Straßenbau

Die Art und Weise zur Zeit der römischen Republik Straßen zu bauen ist auch mit der heutigen Bauweise vergleichbar. Als erstes wurde die Breite der Straße abgesteckt um anschließend den Boden ein Stück weit auszuheben. Wie breit eine Römerstraße zu sein hatte, war nicht etwa den Erbauern überlassen, sondern war im Zwölftafelgesetz festgeschrieben. In der um 450 vor Christus entstandenen Gesetzessammlung war eine Mindestbreite von acht Fuß festgeschrieben. Dies entspricht ca. 2,36 Meter und bezog sich lediglich auf eine gerade Trassenführung. In Kurven musste die Straße 16 Fuß oder breiter sein.

Zu Beginn eines jeden Straßenbaus mussten außerdem noch Rillen zur Entwässerung angelegt werden.

---

[30] Kolb, Anne, Transport und Nachrichtentransfer im Römischen Reich. Berlin 2000, (= Beiträge zur Alten Geschichte, Bd. 2), S. 308-312.

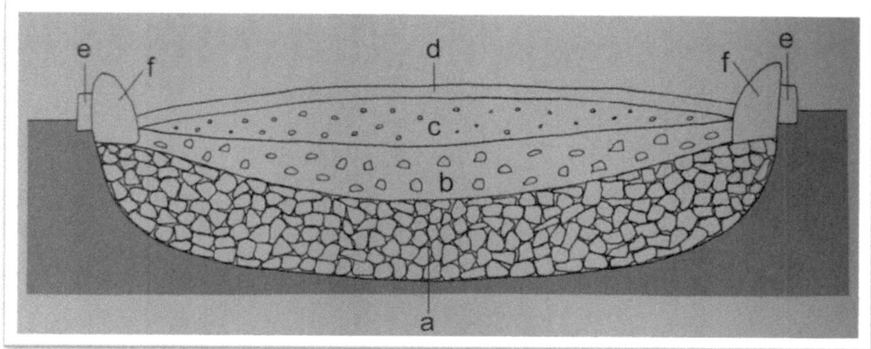

Abbildung 4: Aufbau einer römischen Straße.

Als nächstes konnten nun die Kuhlen mit verschiedenen Materialien gefüllt werden. Meistens verwendete man dafür als Erstes eine Gesteinsschicht (a), auf welche eine Mischung aus hydraulischem Mörtel und Steinen (b) aufgeschüttet wurde. Diese wurde wiederum mit einer Mischung aus hydraulischem Mörtel und Kieselsteinen (c) bedeckt. Diese drei beschriebenen Schichten sollten für Festigkeit und Halt der Straße sorgen.

Den Abschluss bildete eine Schicht von Pflastersteinen (d). Die nach oben hin entstehende Rundung der Fahrbahndecke verhinderte unter Wasser stehende Straßen bei Regen. Anschließend brachte man an den Seitenrändern der Trasse Bordsteine (e) und Ankersteine (f) an.

Auch bei feuchten Böden und kleinen Bächen wandte man diese Technik an. Allerdings musste hier in größerem Maße in die Natur eingegriffen werden, da diese vorher trocken gelegt bzw. umgeleitet werden mussten. Verlief die Straße allerdings entlang eines Felsens, so verzichtete man auf diese Technik. Hier wurde die Felswand bearbeitet und die Fahrbahn so in den Fels geschlagen. Auch hierfür bietet die berühmte Via Appia ein Beispiel. Im römischen Kaiserreich wurden mehr als 120 Fuß des Piso Montanna im heutigen Terracina abgetragen, um die Via Appia entlang des Tyrrhenischen Meeres zu führen. Konnte man eine Felswand jedoch nicht bearbeiten und sah keine Möglichkeit den Felsen zu umgehen, so baute man einen Tunnel durch das Gestein hindurch.[31]

---

[31] Cech, Brigitte, Technik in der Antike. Darmstadt 2010, S. 81-84.

Erstmalig aufgetreten ist in der Zeit der römischen Republik auch das Bauen von Brücken. Mit dieser Bautechnik konnten Umwege durch Täler und sehr breite Flussbetten umgangen werden.[32]

Trotz des innovativen Straßenbaus der Römer, mussten die Trassen zum einen verwaltet und finanziert, zum anderen instand gehalten werden. Bei der Straßenverwaltung ist laut Ulpian zuerst zu unterscheiden zwischen praetorischen und konsularen Straßen, wobei sich dieser Unterschied nur auf viae publicae bezieht. Daraus schlussfolgert er, dass Prätoren und Konsuln für den Bau einer Straße zuständig waren. Von Ädilen spricht er jedoch noch nicht. Diese spielen aber bei der Verwaltung ebenfalls eine Rolle. Sie waren Beamte und meistens innerhalb der Städte für die Instandhaltung der Straßen verantwortlich. Für die Verwaltung der Provinzstraßen, also außerhalb der Städte, waren sogenannte curatores viarum zuständig. Der bekannteste Kurator ist Gaius Iulius Caesar. Er hatte im republikanischen Italien die Verwaltungsmacht über die Via Appia.

Die Instandhaltungsarbeiten an einer Straße mussten die Anlieger übernehmen. Durch handwerkliche Arbeiten wurden sie zur Ausbesserung der Straße herangezogen. Die Aufgabe des Verwalters bestand lediglich darin, die Straßenausbesserungsarbeiten in Auftrag zu geben und zu überwachen. Den konkreten Bau einer Straße konnten sie allerdings nicht veranlassen. Dazu waren nur Personen, die im Besitz eines Imperiums waren, befugt.

Mit dem 27 vor Christus stattfindenden Übergang vom republikanischen Italien zur römischen Kaiserzeit und der Machtergreifung durch Augustus, wandelte sich auch das römische Straßenwesen grundlegend. Unter seiner Herrschaft blieben die Kuratoren auch weiterhin Straßenverwalter. Allerdings waren diese nun nicht mehr nur für die provinzialischen Straßen zuständig, sondern auch für die Stadtstraßen. Außerdem veranlasste Augustus zudem, dass an allen Straßen Meilensteine aufgestellt werden sollten. Auf diesen wurde der Straßenname sowie der Name des Erbauers und des Verwaltungsbeauftragten festgehalten.[33] Zur Aufgabe eines Kurators gehörte es fortan nicht nur die Straße selbst instand zu halten, sondern auch die Bürgersteige und Meilensteine.[34] Letztere wurden im Abstand von einer Meile, was rund 1.480 Metern entspricht, aufgestellt[35] und gaben die

---

[32] Schneider, Helmut, Geschichte der antiken Technik. München 2007, (= C.H.Beck Wissen in der Beck'schen Reihe), S. 87.

[33] Rathmann Michael, Untersuchungen zu den Reichsstraßen in den westlichen Provinzen des Imperium Romanum, Mainz 2003, (= Beihefte Bonner Jahrbücher, Bd. 55), S. 44-62.

[34] Sartorio, Giuseppina Pisani, Via Appia Antica Regina Viarum – Ursprung und Geschichte. In: Portella, Ivana Della (Hrsg.), Via Appia. Entlang der bedeutendsten Straße der Antike, Stuttgart 2003, S. 14-39, hier S. 25.

[35] Rathmann Michael, Ebd., S. 63.

Entfernung zur nächstgelegenen Stadt an.[36] Seinen Veränderungen im römischen Kaiserreich verlieh Augustus Ausdruck mit dem Goldenen Meilenstein, welcher im Forum Romanum aufgestellt wurde. Auf diesem besonderen Meilensteine waren die Entfernungen zu den wichtigsten römischen Städten verewigt.[37]

Auch die späteren Machthaber, wie die Adoptivkaiser Traian und Hadrian im 1. und 2. Jahrhundert nach Christus sowie Septimus Severus, der ab 193 nach Christus regierte, behielten die Regelung, dass Anlieger die Straßenausbesserungen tragen mussten, bei.[38]

Die finanziellen Mittel für den Bau der viae publicae stellte bis zum Ende der römischen Republik das Staatsoberhaupt. Die Kosten der Ausbesserungsarbeiten mussten jedoch die anliegenden Gemeinden tragen. Die Baukosten der Provinzstraßen mussten dagegen vollständig von den Gemeinden übernommen werden. Nur in Ausnahmefällen, wenn die jeweilige Straße auch vom Militär genutzt wurde, gab es einen Zuschuss aus der Staatskasse.

Auch bei Brückenbauten wurden die Anrainergemeinden zur Kasse gebeten. Da solche Bauten jedoch noch kostspieliger waren als Reichsstraßen, konnten auch weiter entferntere Gemeinden herangezogen werden.[39]

---

[36] Cech, Brigitte, Technik in der Antike. Darmstadt 2010, S. 81.
[37] Rathmann Michael, Ebd., S. 57.
[38] Herzig, Heinz E., Die antiken Grundlagen des europäischen Straßensystems. In: Szabó, Thomas (Hrsg.), Die Welt der europäischen Straßen. Von der Antike bis in die Frühe Neuzeit, Köln 2009, S. 5-17, hier S. 10.
[39] Rathmann Michael, Ebd., S. 136-142.

5 Meilensteine und Randgestaltung

An den Seitenrändern einer jeden Straße befanden sich Meilensteine. Auf ihnen wurden die Erbauer der Straße und auch diejenigen, die die Ausbesserungsarbeiten durchgeführt hatten, festgehalten. Schon im 3. Jahrhundert vor Christus wurden vereinzelt Meilensteine an den Straßenseiten errichtet. Ein Beweis dafür liefert der restaurierte Meilenstein der Via Appia aus dem Jahr 255/253 vor Christus. Eine gesetzliche Anordnung Meilensteine aufzustellen gab es allerdings erst seit dem 2. Jahrhundert vor Christus mit dem Straßengesetz „lex viaria" von Caius Graccus.

Abbildung 5: Meilenstein der Via Appia.

Die Meilensteine standen in Abständen von 1.480 Metern, was einer römischen Meile entsprach. Sie hatten eine Höhe von ein bis vier Metern und einen Durchmesser von 0,40 bis einen Meter. Zur Zeit des römischen Kaiserreiches standen neben den wichtigsten Namen auch kurze Sprüche und feierliche Texte auf den säulenförmigen Steinen.[40] Außerdem meißelte man die Entfernungen zu nächstgelegenen Städten und Gemeinden in die Meilensteine.[41]

Des Weiteren begegneten einem sogenannte „Reitsteine" an den Straßenrändern, welche die Römer als Aufstiegsmöglichkeit auf ihre Pferde nutzten.[42] Auch Poststationen waren keine Seltenheit. Die sogenannten mutationes standen im Abstand von ca. 15 Kilometern und boten die Möglichkeit das Pferd zu wechseln. Damit die Boten, die wichtige Nachrichten zu übermitteln hatten, weiterhin zügig vorankamen. Außerdem gab es noch Raststätten, die

---

[40] Staccioli, Romolo Augusto, The Roads of the Romans. Los Angeles, California 2003, S. 55-57

[41] Nardo, Don, Roman Roads And Aqueducts. San Diego, California: Lucent Books, 2001, S. 23.

[42] Herzig, Heinz E., Die antiken Grundlagen des europäischen Straßensystems. In: Szabó, Thomas (Hrsg.), Die Welt der europäischen Straßen. Von der Antike bis in die Frühe Neuzeit, Köln 2009, S. 5-17, hier S. 7.

mansiones oder auch stationes. Dort konnten die Reisenden übernachten. Sie befanden sich alle 30 bis 37 Kilometer, sodass man sie innerhalb eines Tages erreichen konnte und nicht des Nachts reisen musste.[43]

6 Fazit

Im 2. Jahrhundert nach Christus sagte einst Aelius Aristides: „Was Homer sagte, << aber die Erde ist allen Menschen gemeinsam >>, wurde von euch tatsächlich wahr gemacht. Ihr habt den ganzen Erdkreis vermessen, Flüsse überspannt mit Brücken verschiedener Art, Berge durchstochen, um Fahrwege anzulegen, in menschenleeren Gegenden Poststationen eingerichtet und überall eine kultivierte und geordnete Lebensweise eingeführt.".[44]

Mit über 80.000 Kilometern Straßennetz und einem weitaus größeren Gebiet als dem heutigen Italien, endete die Ära des Imperium Romanum im 6./7. Jahrhundert. In insgesamt knapp 900 Jahren revolutionierten die Römer die Technik des Straßenbaus. In allen Städten und Provinzen des römischen Reiches konnte jeder, ganz gleich ob kaiserlicher Angehöriger oder einfacher Bürger, das Verkehrssystem Straße nutzen. Neben den normalen Staats- und Privatstraßen konstruierte man Brücken, um große Flüsse zu überqueren, und durchstieß dickes Felsgestein, um Tunnel hindurchführen zu können. Auch die Straßenrandgestaltung der Römer war innovativ. Mit Raststätten und Wechselstationen machte man Reisewege über mehrere Tage hinweg möglich und angenehm. Die Meilensteine und ersten Versuche der Kartierungen dienten zur Orientierung auf den Straßen.

Mit dem Bau und Ausbau ihres Straßennetzes erweiterten die Römer ihr Imperium, waren imstande ihre Macht in den eroberten Gebieten zu sichern und schufen wichtige Handels-, Kommunikations- und Transportwege.

---

[43] Guiseppina, S. 21-22.
[44] Schneider, Geschichte der antiken Technik. München 2007, (= C.H.Beck Wissen in der Beck'schen Reihe), S. 89.

7 Literaturverzeichnis

Bintliff, John, Going to Market in Antiquity. In: Eckart Olshausen/Holger Sonnabend (Hrsg.), Stuttgarter Kolloquium zur Historischen Geographie des Altertums 7/1999. Zu Wasser und zu Land: Verkehrswege in der antiken Welt, Stuttgart 2002 (= Geographica historica, Band 17), S. 209-250.

Bredow, von Iris, Die Handelsverbindungen zwischen Pontos und Ägäis zur Zeit des Odrysenreiches. In: Eckart Olshausen/Holger Sonnabend (Hrsg.), Stuttgarter Kolloquium zur Historischen Geographie des Altertums 7/1999. Zu Wasser und zu Land: Verkehrswege in der antiken Welt, Stuttgart 2002 (= Geographica historica, Band 17), S. 445-451.

Cech, Brigitte, Technik in der Antike. Darmstadt 2010

Dilke, O. A. W., Greek & Roman Maps. London: Thames and Hudson, 1985

Gutsche, Angelika, Auf den Spuren der antiken VIA EGNATIA vom weströmischen ins oströmische Reich. Ein historischer Reiseführer durch den südlichen Balkan; Albanien – Mazedonien – Griechenland – Türkei, 1. Auflage, Schweinfurt 2010

Herzig, Heinz E., Die antiken Grundlagen des europäischen Straßensystems. In: Szabó, Thomas (Hrsg.), Die Welt der europäischen Straßen. Von der Antike bis in die Frühe Neuzeit, Köln 2009, S. 5-17.

Howatson, M. C., Reclams Lexikon der Antike. Stuttgart 1996

Kolb, Anne, Transport und Nachrichtentransfer im Römischen Reich. Berlin 2000, (= Beiträge zur Alten Geschichte, Bd. 2)

Nardo, Don, Roman Roads And Aqueducts. San Diego, California: Lucent Books, 2001

Rathmann, Michael, Untersuchungen zu den Reichsstraßen in den westlichen Provinzen des Imperium Romanum. Mainz 2003, (= Beihefte Bonner Jahrbücher, Bd. 55)

Sartorio, Giuseppina Pisani, Via Appia Antica Regina Viarum – Ursprung und Geschichte. In: Portella, Ivana Della (Hrsg.), Via Appia. Entlang der bedeutendsten Straße der Antike, Stuttgart 2003, S. 14-39.

Schneider, Helmuth, Geschichte der antiken Technik. München 2007, (= C.H.Beck Wissen in der Beck'schen Reihe)

Staccioli, Romolo Augusto, The Roads of the Romans. Los Angeles, California 2003

Szabó, Thomas, Die Welt der europäischen Straßen. Von der Antike bis in die Frühe Neuzeit, Köln 2009, S. 1-3.

7.1 Internetquellen

Kirschmer, Heiner, Römerstraßen in unserer Heimat – alte Verkehrswege im mittleren Murrtal. http://www.kirschmer-backnang.de/roemerstrassen.pdf, (Zugriff: 27.03.2013)

7.2 Abbildungsverzeichnis

Abbildung 1: *Die Via Appia im antiken Rom.* Nardo, Don, Roman And Aqueducts. San Diego, California: Lucent Books, 2001, S. 13.

Abbildung 2: Verlauf der Via Appia. Online unter: http://www.straderomane.it/im/mp/map_r0001_seg.gif (Zugriff: 27.03.2013)

Abbildung 3: Ausschnitt der Tabula Peutingeriana. Staccioli, Romolo Augusto, The Roads of the Romans. Los Angeles, California 2003, S. 10.

Abbildung 4: Aufbau einer römischen Straße. Cech, Brigitte, Technik in der Antike, S. 82.

Abbildung 5: Meilenstein der Via Appia. Staccioli, Romolo Augusto, The Roads of the Romans. Los Angeles, California 2003, S. 57.